MÉMOIRE

SUR LA MANIERE

DE FAIRE LE VIN ROUGE

DANS LE VIGNOBLE DE CHARTRES ET DES PROVINCES VOISINES;

SUIVI

D'UNE Consultation en forme de Lettre, sur le choix du Vin, relativement à la santé.

Par M. M*** Docteur en Médecine.

A CHARTRES,

De l'Imprimerie de MICHEL DESHAYES,
Imprimeur de Mgr. l'Évêque.

M. DCC. LXXXVI.

Et se trouve à CHARTRES,

Chez {
LACOMBE, Directeur Privilégié des Affiches du Pays Chartrain, Cloître St. Martin, près l'Eglise.
LABALTE, Libraire, vis-à-vis l'Arcade de la Poste aux Lettres.
JOUENNE, Libraire, près la Porte Châtelet.
}

A ORLÉANS,

Chez LETOURMI, Libraire, Place du Martroi.

A CHATEAUDUN,

Chez DESBORDES, Libraire.

A BLOIS,

Chez ADAM, Libraire.

A DREUX,

Chez LAILLIER, Libraire.

MÉMOIRE
SUR LA MANIERE
DE FAIRE LE VIN ROUGE
Dans le Vignoble de Chartres & des Provinces Voisines.

NOTIONS PRÉLIMINAIRES.

Pour expofer la méthode de faire du Vin rouge d'une maniere qui en faffe fentir les avantages, il faut commencer par établir quelques principes, avoués par tous les Phyficiens, & en même-tems très-fimples & très-faciles à faifir.

Le Vin n'eft autre chofe que le jus renfermé dans les raifins bien mûrs; mais ce n'eft pas ce jus tel qu'il eft dans les raifins au moment qu'on les écrafe, il n'en a ni la douceur, ni la plupart des autres qualités fenfibles, & fi l'on en excepte les Vins blancs, il n'en a pas même la couleur. C'eft ce jus changé totalement par une opération de la nature, que l'on appelle fermentation.

A ij

Il est inutile pour ce que nous avons à
dire, de donner ici une définition bien exacte
de la fermentation. Ceux qui en seront cu-
rieux, peuvent consulter les Ouvrages des
Chymistes. Il suffit de dire que c'est un mouvement intestin dans les parties des végétaux
ou des animaux, par lequel leur mixtion est
changée de maniere à leur procurer des qualités sensibles fort differentes de celles qu'ils
avoient auparavant. Ce mouvement est l'effet
de la chaleur. Il est plus ou moins vif, plus
ou moins prompt, suivant que d'un côté la
chaleur est plus ou moins considérable, &
que d'un autre côté les parties sur lesquelles
elle agit sont plus ou moins susceptibles de
son action.

On distingue trois sortes de fermentations,
la vineuse, l'acéteuse, & la putréfiante.

La fermentation vineuse, la seule dont il
s'agisse ici, est celle dont le Vin est le produit. Ainsi elle sera plus ou moins vive, plus
ou moins forte, à proportion de ce que d'un
côté la chaleur sera plus ou moins considérable, & que de l'autre la nature des raisins,
les qualités qu'ils tirent du sol qui les produit, leur maturité rendront leur liqueur plus
ou moins susceptible de son action.

On distingue deux sortes de fermentations
vineuses.

La premiere a lieu peu de tems après que

les raisins ont été écrasés. Elle est forte, tumultueuse, elle va jusqu'à une ébullition très-sensible, & accompagnée d'une chaleur qui surpasse de plusieurs degrés celle de l'atmosphere. Elle ne dure qu'un tems assez court, plusieurs jours néanmoins; & elle est d'autant moins longue, qu'elle est plus forte, plus vive, & que la liqueur ayant plus de communication avec l'air extérieur, éprouve moins d'obstacles au dégagement de son air fixe ou *gas*.

Ces faits sont constatés par l'expérience. Que dans un tems chaud on laisse le Vin dans la cuve cinq ou six jours, la fermentation dont nous parlons ne dure pas plus long-tems; & le Vin mis dans les tonneaux ne bout plus sensiblement. Qu'au contraire on le mette dans les tonneaux trente ou trente-six heures après qu'il a été exprimé des raisins, il y bout dix ou douze jours & plus, si l'on ne couvre pas les trous des bondons; plus long-tems si on les couvre; & bien plus long-tems encore, si on les bouche bien tout d'un coup.

La seconde espece de fermentation vineuse est celle qui a lieu lorsque la premiere est entiérement cessée. Elle en est fort différente. Elle est bien plus douce, elle est même presqu'insensible, tant que le Vin se porte bien. Elle est plus considérable dans le commen-

cement, diminue infenfiblement tant que le
Vin fe trouve dans la même température;
mais s'il eſt expoſé à différentes tempéra-
tures, elle varie comme l'atmoſphere. Enfin
elle dure juſqu'à ce que le Vin fe gâte en
tournant à l'acide ou à la putréfaction, dont
la rapidité, & l'amertume font les commen-
cemens.

Comme la premiere eſpece de fermentation vineuſe produit le Vin, c'eſt la feconde
qui le conferve & qui le perfectionne. Mais
toute eſpece de fermentation de la premiere
eſpece ne produit pas *avec les mêmes raiſins*
du Vin également bon, & toute eſpece
de fermentation de la feconde eſpéce ne
conferve pas le même Vin également long-
tems, & ne le fait pas parvenir au même
degré de perfection; parce que ces deux
eſpeces de fermentations font fufceptibles
de différens degrés & de différentes modifications.

Pour avoir de bon Vin, pour le conferver & le perfectionner, il faut donc favoir
procurer à ces deux fermentations les qualités, les modifications, que la raiſon &
l'expérience ont fait connoître les plus pro-
pres à produire ces effets, & c'eſt cette con-
noiſſance qu'on peut appeller la ſcience de
faire du Vin, de le conferver, & de lui procurer toute la bonté dont il eſt fufceptible.

Pour y parvenir il faut examiner trois choses, quels changemens la fermentation de
la premiere espece opere sur le moût, quels
changemens celle de la seconde opere sur
le Vin déjà fait, & comment elles operent
ces changemens. La connoissance de ces trois
objets doit nous conduire à celle que nous
cherchons.

1°. Avant la fermentation de la premiere
espece, le jus des raisins est blanc ou peu
coloré; par cette fermentation il devient
rouge, si on le laisse fermenter avec les
bourses des raisins noirs : il reste blanc ou pail-
let s'il fermente séparé de ces bourses. Avant
cette fermentation, il est doux & syrupeux;
après cette fermentation, il perd toute sa
douceur, il devient piquant, & son goût
tire plutôt sur l'acide que sur le doux. Avant
cette fermentation ses esprits ne sont point
développés, il n'en fournit point par la distillation, il n'enivre point; après cette fermentation ses esprits sont développés, il en fournit par la distillation, & il enivre facilement.
Il n'est pas même nécessaire que la fermentation soit complette pour que ces changemens
commencent à se montrer. Elle commence à
les produire dès qu'elle commence à s'opérer.

2°. Lorsque le Vin est nouveau, son goût
est verd, âpre, très-piquant; par la seconde
espece de fermentation il perd peu-à-peu

cette verdeur, cette âpreté, ce piquant; il devient moëlleux, velouté; sa pointe émouſ-ſée ne produit plus qu'une titillation douce, agréable; il acquiert de la fineſſe, de la déli-cateſſe, ſa couleur même ſe perfectionne quand il a été bien fait.

30. C'eſt en briſant les parties terreuſes, en atténuant les ſels & les huiles, en rendant à l'air fixe l'uſage de ſon reſſort, & en opé-rant par-là une combinaiſon toute différente de celle qui exiſtoit auparavant, que la fermentation produit ces effets. Le plus remarquable & le plus important, c'eſt le dégagement des eſprits: car ce ſont les eſprits du Vin qui caractériſent particuliérement cette liqueur, & qui la diſtinguent des autres; & c'eſt leur quantité plus ou moins grande, & la maniere dont ils ſont combinés avec les autres parties, qui diſtinguent les diffé-rens Vins, le bon du médiocre & du mauvais; & comme ce dégagement & cette combi-naiſon ſont l'effet de la fermentation, & qu'ils varient ſuivant la maniere dont la fer-mentation eſt conduite, le grand point dans la méthode de faire du Vin, & de le conſerver, eſt donc de bien conduire cette opération; & il faut la conduire différem-ment ſuivant les qualités particulieres du jus des raiſins ſur lequel elle opere, & ſuivant celles qu'on veut procurer au Vin.

Voilà

Voilà quels font les changemens que la fermentation produit fur le jus des raifins; & de quelle maniere elle les produit.

Pour en déduire la maniere de la conduire dans le Pays Chartrain, il faut expofer quelles font les qualités que l'on y defire dans le Vin rouge.

Dans ce Pays comme dans tous les Pays Septentrionaux de la France, tels que l'Orléanois, la Champagne, la Bourgogne, on defire qu'un Vin ait du corps, de la force, fans être capiteux, ou comme on dit en Champagne, *matin*; qu'il joigne la fineffe & la délicateffe à un certain degré de fermeté qui promette fa durée; qu'il n'ait ni âpreté ni verdeur, mais qu'au moëlleux & au velouté, il joigne une douce chaleur; enfin qu'il ait du parfum accompagné d'une belle couleur; voilà les qualités que la nature du fol, du climat, des raifins peuvent faire efpérer, lorfqu'une année eft favorable par la maturité du raifin, & par la chaleur de l'atmofphere dans le tems de la vendange, & que le Vin eft bien fait & bien confervé; & c'eft dans la vue de les lui procurer qu'on doit régler la marche de la fermentation. La defcription de cette marche eft l'objet de ce Mémoire; & comme nous avons annoncé deux efpeces de fermentations vineufes, il fera partagé en deux Chapitres.

B

CHAPITRE PREMIER.

De la maniere de conduire la premiere espece de Fermentation vineuse.

DE quelque maniere que l'on reglât cette marche, on réussiroit bien imparfaitement, si l'on ne fournissoit à cette fermentation, qui proprement fait le Vin, une matiere propre & convenable. La premiere regle que l'on doit suivre est donc de se procurer un moût de la meilleure qualité possible *relativement au Pays* où l'on veut faire du Vin. Pour cela il faut faire choix du meilleur sol pour les Vignes, qui soit dans le Canton, c'est-à-dire, d'un sol pierreux, en pente, exposé entre le levant & le midi, éloigné de la riviere, planté de Vignes de la meilleure espece, qui ne soient pas jeunes, & dont on ne fume que les fosses. Il faut cueillir le raisin dans la plus parfaite maturité que permet la saison, mettre à part tout ce qui est pourri ou verd, ou même imparfaitement mûr, ôter la plus grande partie des raphes, du moins lorsqu'elles sont peu ou médiocrement chargées de raisins, vendanger dans un beau tems, & n'envoyer les Vendangeuses à la Vigne que lorsque le soleil a séché la rosée. Il seroit même fort utile, avant de fouler le raisin, de l'exposer pendant quelques heures au beau soleil. La chaleur qu'on lui procure par ce moyen étant très-propre à accélérer la fermentation. La grande regle pour juger de la maturité du raisin, c'est d'examiner la queue de la grappe. Si elle est encore verte, le raisin n'est qu'imparfaitement mûr ; mais il l'est suffisamment, ou du moins de maniere à ne plus mûrir lorsque la grappe est brune. Il faut mettre au rebut les raisins blancs (1).

Les raisins ainsi disposés, il faut les fouler dans le fouloir, & les jetter à mesure dans la cuve qui est au-dessous. Lorsque tout a été foulé, comme cela se fait ordinairement le soir, on fait souper ses Gens. Après souper on fait vuider la cuve aux ~~deux~~ tiers, *ou à moitié,* & on fait refouler de nouveau le marc pendant une heure, & si la cuve est un peu grande, il faut deux Hommes. Après cette opération, ces deux Hommes remettent dans la cuve le Vin qui en a été tiré, on couvre la cuve, & tout le monde va se cou-

---

(1) Je ne mêle point le raisin blanc avec le noir, parce qu'il est rarement assez mûr dans le tems où l'on vendange le noir. Il peut d'ailleurs nuire à la couleur, lorsqu'il y en a une certaine quantité. J'en fais du Vin blanc, après l'avoir laissé mûrir, comme je fais du Vin commun avec le rebut de mes raisins.

cher, parce qu'il n'y a pas à craindre que le Vin bouille pendant la nuit. Le lendemain dès le grand matin on recommencera la même opération & de la même maniere.

Si le tems est froid ou temperé, le Vin ne rendra pas encore. Si au contraire il est chaud, ou si le raisin a été mis chaud dans la cuve, le moût commencera à bouillir, ce que l'on reconnoît parce que le marc commence à monter au-dessus du Vin. Alors il faut veiller de près. Car il faut absolument empêcher que cette élévation n'ait lieu, si l'on veut faire de bon Vin, parce que si le marc s'eleve au-dessus du Vin, il prend d'abord un goût de sec, ensuite celui d'échauffé, enfin un goût acide; & ne peut manquer de communiquer au Vin tous ces goûts, si on le renfonce dans la cuve après l'avoir laissé élevé assez de tems pour qu'il les acquiere.

Aussitôt donc qu'on s'appercevra que le marc s'eleve au-dessus du moût, il faut que deux Hommes assis sur le bord de la cuve & tournant continuellement, renfoncent sans cesse avec leurs pieds le marc qui s'eleve sans cesse, & le renvoyent toujours vers le fond. Cet exercice ne doit pas être discontinué, on fortifie le courage des Renfonceurs en leur donnant un verre de Vin de tems en tems. Pendant qu'ils vont manger à la

hâté, il faut que d'autres leur succedent.
Mais si l'on en a deux à chaque cuve,
comme dans le commencement l'ébullition
n'est pas forte, l'un des deux peut suffire
pendant que l'autre va manger, jusqu'à ce
que l'ébullition augmentée à un certain degré
exige l'ouvrage de deux Hommes pour empêcher le marc de gagner le haut. Alors s'ils
avoient besoin de manger, on les remplace-
roit par deux autres. Mais cette ébullition
forte ne dure pas assez long-tems pour que
les deux Renfonceurs soient obligés d'inter-
rompre leur ouvrage afin de manger, si l'on
a eu soin de les faire manger l'un après l'autre, lorsqu'un seul pouvoit suffire pendant
quelque tems. Il faut même alors préparer
tout pour le pressoir. Indépendamment de
ces renfoncemens, il faut répéter la tritura-
ration prescrite ci-dessus de cinq en cinq
heures. Quelquefois l'intervalle entre cha-
cune est plus court, quelquefois il est plus
long, suivant que la chaleur plus ou moins
grande de l'atmosphere, la maturité & la
chaleur plus ou moins grande des raisins
accélerent ou retardent l'ébullition, & la ren-
dent plus forte ou plus foible. Si l'ébullition
commence de bonne heure, & qu'elle soit
forte, on ne doit mettre que deux ou trois
heures d'intervalle entre chaque trituration.
On est même quelquefois obligé de se con-

tenter de trois ou de quatre, au lieu de cinq.
Il pourroit au contraire arriver que la fraîcheur du tems d'un côté, de l'autre le peu
de maturité des raifins, & leur fraîcheur,
obligeaffent de faire bouillir quelques chaude-
ronnées de moût pris dans la cuve avec le
raifin, (2) & de les y jetter dès le commencement, & enfuite de tems en tems, pour
accélérer la fermentation par le moyen de
cette chaleur. Mais il faut bien obferver de
ceffer d'employer ce moyen dès le moment
où le Vin commence à fermenter & à élever
le marc, parce que le Vin commençant à
fermenter, l'ébullition fur le feu le feroit
tourner à l'acide, ce que l'on n'a pas à
craindre tant que la fermentation n'eft pas
commencée.

S'il fait froid, & qu'on n'employe aucun
moyen pour échauffer le moût, il ne bouil-
lera qu'au bout de vingt-quatre heures, &
fouvent beaucoup plus tard; je l'ai vu ne
commencer à bouillir qu'au bout de quatre
ou cinq jours. En ce cas on ira au preffoir
fort tard, car avant d'y aller, il faut que

_____

(2) Il vaut bien mieux mettre dans la cuve des vafes
de grais remplis d'eau bouillante parce que des Chymiftes
affurent que le moût qui a bouilli fur le feu perd fon
gas, & ne fermente plus. On peut auffi employer un
cilindre avec du charbon, ou un poële.

le Vin ait bouilli un certain tems dans la
cuve. C'est moins le tems qui doit régler
sur cela, que la qualité du moût & d'autres
circonstances : lorsque le moût a un beau
rouge foncé, lorsqu'il commence à piquer
& sur-tout lorsque les Fouleurs commencent
à ne pouvoir plus résister à la vapeur qui
leur monte à la tête, c'est le moment de
tirer.

Lorsqu'on aura jugé qu'il est tems de finir
la besogne, on pourra laisser la cuve tran-
quille une bonne heure, pendant laquelle le
marc ne manquera pas de monter. Il faut
lui en laisser la liberté pendant quelque
tems, pour que le fond de la cuve se
nettoie de pepins & de grains, qui,
en s'élevant laisseront un libre cours au Vin,
que l'on tirera, & qu'on entonnera, lorsqu'on
aura tout préparé pour le pressoir. On remplira les tonneaux le plus promptement que
l'on pourra.

Le Vin qui sortira du pressoir sera réparti
sur toutes les pieces, à l'exception du Vin
de la derniere taille que l'on mettra avec le
Vin de rebut.

Si l'on a deux cuves qui ne puissent être
pressurées ensemble, il faut continuer de
refouler la seconde plus long-tems que la premiere, afin que le marc de la seconde ne

demeure pas élevé plus long-tems que celui
de la premiere. (3)

Il eſt aiſé de ſentir combien il doit réſul-
ter d'avantages de ces manœuvres.

1º. A l'aide de cette trituration répétée,
une fermentation de douze ou quinze heures
un peu forte détache des hourſes des raiſins
autant de cette raiſine, qui, comme on le
fait, donne au Vin rouge ſa couleur, que
le feroit une fermentation de trois ou quatre
jours, qui ne feroit pas accompagnée de
ce ſecours; & la couleur qu'elle procure eſt
auſſi durable, parce qu'elle l'unit d'une maniere intime.

2º. Le moût bout aſſez long-tems en pleine
liberté, pour que le Vin ne ſoit pas trop chargé
de parties *gazeuſes*, il demeure aſſez long-tems
mêlé avec les bourſes du raiſin pour que les
eſprits ſoient juſqu'à un certain point émouſ-
ſés par les parties raiſineuſes de l'écorce, ſans
quoi il feroit capiteux; mais il n'y bout pas
aſſez pour perdre une trop grande quantité
de ſon gas, dont une privation trop conſidé-

***

(3) Quand on remplit deux cuves le même jour, il
arrive ſouvent que la premiere remplie commence la
derniere à bouillir. Cela vient de ce que le raiſin qu'elle
contient, ayant été cueilli le matin, y eſt entré moins
chaud. Ainſi rarement deux cuves ſe trouvent prêtes
en même-tems.

rable

table feroit capable de le priver d'une partie du montant qu'il doit avoir.

Ainfi le Vin fait fuivant cette méthode réunit toutes les bonnes qualités dont il eft fufceptible. Il a du montant, parce qu'il ne fermente pas affez long-tems en air libre pour perdre une trop grande quantité de gas ; & il n'en a point au degré de pouvoir incommoder, parce qu'il fermente affez long-tems à l'air libre pour en perdre une certaine portion ; & par le moyen des différens foulemens, le peu de tems qu'il fermente avec les bourfes eft fuffifant pour lui faire acquérir une belle couleur, & en même-tems pour atténuer les parties terreufes & huileufes de la réfine de la maniere qu'il convient qu'elles le foient, foit pour rendre cette couleur durable, foit pour fournir aux fels & aux efprits une gaîne fine, capable d'en empêcher l'évaporation, & d'en émouffer le piquant ; d'où doit réfulter une faveur amoureufe, qui n'ait rien de fade ni de trop vif.

Mais il faut remarquer que la fermentation de la première efpece n'eft pas terminée lorfque l'on met le Vin dans les tonneaux. Elle y continue encore un certain tems, & fi l'on ne prenoit certaines mefures, elle pourroit faire perdre une trop grande quan-

C

tité de *gas*, inconvénient qu'il faut éviter.
Que faut-il donc faire ?

Le moyen le plus sûr sembleroit être de
bonder les tonneaux dès qu'ils sont remplis.
Mais outre que le Vin n'ayant pas encore
assez perdu de gas dans la cuve seroit
capiteux, il y auroit à craindre que la force
de la fermentation, qui est encore considérable pendant les premiers jours, ne jettât
dehors les fonds des tonneaux, ou ne fît
péter les cercles. On évitera ces deux inconvéniens en observant la méthode suivante.

1.º. Il faut pendant les premiers jours ne
boucher les tonneaux qu'avec plusieurs feuil-
les de vigne & une tuille dessus. De cette
maniere la fermentation continuera sans ris-
que, & la perte du gas sera médiocre.

2.º. On ne remplira pas d'abord les tonneaux en entier, mais seulement à sept ou huit
pouces près, c'est-à-dire, assez haut pour
qu'en bouillant il s'éleve jusqu'au bondon,
mais aussi pas assez haut pour qu'en bouillant il se répande au-dehors. Sans cette regle,
ou il y auroit une perte considérable, ou le
Vin pourroit prendre un goût d'évent. Au
bout de quelque tems on remettra un peu
de Vin en observant la même regle,
& on continuera ainsi à en mettre de tems
en tems; & les remplissages successifs se feront plus ou moins long-tems, plus ou moins

fréquemment, à proportion de ce que la
[...] plus ou moins [...]
[...] bouillir plus ou moins long-tems
[...] ou moins [...] par quoi il faut
conclure que l'ébullition étoit plus ou moins
vive, à proportion de ce que la chaleur eſt
plus ou moins [...] une augmentation ſubite de chaleur dans [...]
ſuffiroit pour faire bouillir par bonds, le Vin
[...] travailler [...] ce même
tonneau. C'eſt pourquoi l'on n'étoit pas
ſur les lieux pour viſiter ſouvent les tonneaux, [...] regarder [...] dans les tems
[...] craindre une pareille augmentation
de chaleur, le Vin par exemple, qu'on a dit,
[...] ce premier rempliſſage environ huit
jours, au bout deſquels on remettroit
[...] après quel-
ques autres jours [...]
& ainſi de ſuite.

Au bout de dix ou douze jours, c'eſt-à-
dire, lorſque le Vin ne bouillonne [...]
ſenſiblement, il faut fermer les tonneaux
exactement; mais pour éviter tout inconvénient [...] propos de laiſſer encore
alors un eſpace vuide d'environ une pinte,
& pour plus [...] il faut ouvrir
à coté du bondon [...] petit trou de foret,
dans lequel on mettra une pluette, lauf s'en-
foncer; & même ſi le Vin fait encore du

bruit pendant quelques jours, au lieu d'une pluette, on se contentera de boucher le petit trou avec le haut d'un épi de seigle. Au bout de huit jours, on pourra tenir les poinçons pleins & même serrer la pluette, ayant seulement soin de la tirer tous les jours matin & soir, pendant une minute, pour laisser la respiration au Vin.

Voilà ce que la raison & l'expérience m'ont appris de mieux jusqu'ici sur la maniere de conduire la fermentation de la premiere espece, qui est celle qui, à proprement parler, fait le Vin. On a dû sentir de quelle importance il est, pour avoir de bon Vin, que cette méthode soit suivie exactement. Mais il ne suffit pas d'avoir fait le premier pas. Pour qu'un Vin acquiert toute la perfection dont il est susceptible, il est nécessaire que la seconde espece de fermentation soit conduite avec la même attention, parce que la perfection du Vin dépend de la bonté de ces deux fermentations.

CHAPITRE II.

De la maniere de conduire la seconde espece
de Fermentation vineuse.

LA méthode nécessaire ici est fort aisée à
suivre. Elle ne demande que du soin & de
l'attention. On peut la réduire à un petit
nombre de regles.

1º. Dans les deux premiers mois, il faut
remplir les tonneaux tous les huit jours. Il
suffira après ce tems de le faire tous les quinze
jours. On doit toujours y employer d'aussi
bon Vin que celui qui est dans les tonneaux,
& pour cela il faut en avoir en réserve,
lequel lui-même ne soit pas en vuidange,
ce qui exige que l'on ait de petits tonneaux de différentes grandeurs, & même des
bouteilles. La nécessité d'empêcher qu'il n'y
ait de l'air entre le Vin & le tonneau, demande
même que l'on ait attention que les poinçons
soient posés sur leurs chantiers de maniere
que le devant ne soit ni plus ni moins élevé
que le derriere. Sans cela il y auroit du vuide.

2º. Si le Vin est dans une sole où il soit
à l'abri de la gelée, il faut l'y laisser jusqu'à ce que l'air de la sole ne soit pas plus
chaud que celui de la cave, parce que plus

le Vin est au frais mieux il se conserve. En
ce cas on ne le descendra à la cave que lorsque les premières chaleurs du printems
commenceront à le faire sentir ; & lors même
qu'il aura été dépoté dans la cave, si le cellier dont on vient de parler en est voisin,
on l'y remettra dès les premiers froids de
l'automne pour y demeurer pendant l'hiver
jusqu'au printems. Il faut que la cave soit
fraîche ; la chaleur ne doit pas passer le hui-
tieme ou du moins le dixieme degré au dessus
de .... le
cellier de tout ce qui, en ébranlant le ter-
rein, pourroit ébranler le Vin. Il faut aussi
que l'une & l'autre ne soient exposés à aucune mauvaise odeur, comme seroit celle du
cidre, de la biere, du bois, du fromage, &c.

3°. Il seroit très-avantageux de conserver
le Vin dans de grands tonneaux, comme
l'on fait dans certain Pays, il est certain
qu'il s'y perfectionne bien davantage, que
dans les tonneaux ordinaires. Mais quelque
tonneaux qu'on employe, il faut qu'ils soient
bons & exempts de tout mauvais goût. C'est
pourquoi si l'on employe des tonneaux vieux,
il faut qu'ils ayent contenu de bon Vin,
qu'ils ayent été défoncés aussitôt qu'ils ont
été vuidés, ou qu'on les ait soufré, ce qui
les conserve longtemps en bon état. Il faut
que le sartre ou le bien graissé, qu'ils ayent

été lavés à plufieurs eaux & jufqu'à ce que
là derniere revienne claire, & qu'en les
lavant on faffe aller l'eau vers les fonds pour
les laver comme le refte.

4°. Si l'on ne peut garder le Vin dans
la fole pendant tout l'hiver, il faut le foutirer aux premieres belles gelées & le rouler
enfuite dans la cave. Sinon l'on attendra les
dernieres gelées. S'il a-été foutiré un certain
tems avant d'être·mis dans la cave, on le
foutirera de nouveau avant de l'y mettre,
parce que pour peu qu'il ait fait de dépôt,
le mêlange de ce nouveau dépôt pourroit
lui nuire; & par la même raifon toutes les
fois que l'on remue du Vin, foit pour le
tranfporter, foit pour relier les tonneaux,
il eft à propos de les foutirer de nouveau,
fur-tout lorfqu'il n'a encore été foutiré qu'une
fois. S'il l'a été déjà plufieurs fois, on peut
fe contenter d'en foutirer un tonneau. Si en
examinant ce tonneau lorfqu'il eft vuide, on
voit qu'il n'a aucune faleté, aucun dépôt at-
taché à fes douves, on peut fe difpenfer de
foutirer les autres. Mais les nouveaux fou-
tirages feront d'autant moins néceffaires,
que le premier aura été mieux exécuté.
Pour qu'il foit parfait, il faut mettre à
part les fix premieres bouteilles, ainfi que
les fix dernieres; & n'admettre que le Vin
parfaitement clair. On mettra enfemble ces

rebuts qui pourront s'éclaircir & fournir de
quoi remplir.

5o. Il faut visiter son Vin le plus souvent
qu'on peut, pour examiner les tonneaux en
dehors; & lorsqu'il travaille, il faut tirer
la pluette de tems en tems pour donner
de l'air. Il faut que les tonneaux soient toujours exactement fermés, & pour cela que
les trous des bondons, & les bondons eux-
mêmes soient bien ronds, d'un bon bois,
& hauts afin de les tirer aisément.

6o. Si l'on veut boire du Vin dans toute
sa bonté, il ne faut le boire que quand il
est mûr. Mais comme c'est la fermentation
insensible ou de la seconde espece qui le
mûrit, il mûrira d'autant plutôt que cette
fermentation sera plus forte. Or elle est plus
forte à proportion de ce que le Vin est exposé à une atmosphere moins fraîche. Le Vin
déposé dans des caves très-fraîches durera
donc plus long-tems. Il y a une autre maniere de le faire durer encore davantage,
c'est de le mettre en bouteilles. Comme la
fermentation insensible est beaucoup plus lente
dans des vases très-petits que dans les grands,
& que d'ailleurs il n'y a aucun accès pour
l'air dans des bouteilles bien bouchées, ni
même aucune transpiration à travers leurs
pores, il est d'expérience que le Vin s'y
conserve bien plus long-tems que dans des
tonneaux.

tonneaux. Pour boire votre Vin dans toute
sa bonté, mettez le donc dans des bouteilles,
lorſqu'il eſt approchant de ſa parfaite maturité. Il s'y conſervera, il s'y perfectionnera.
Si vous l'y mettiez trop tôt il demeureroit
verd & dur pendant long-tems, & peut-être
s'y gâteroit-il plutôt que de s'y perfectionner.
Mais que vos bouteilles n'ayent aucun goût,
qu'elles ſoient bien nettes, bien bouchées
avec des bouchons neufs & d'un liége ſerré,
& taillés en diminuant, & que vos bouteilles, vuides d'un pouce au plus au deſſous
du bouchon, ſoient couchées.

Pour donner à un Vin qui ſeroit bon d'ailleurs, mais qui manqueroit d'un certain degré
de force, celle qui lui manque, il faut mettre
dans la cuve huit ou dix livres de caſſonade *par poinçon,*
que l'on partage en trois couches, pour qu'elle
ſe mêle mieux avec tout le Vin que contient
la cuve. C'eſt auſſi le meilleur moyen de lui
ôter ſa verdeur, quand le raiſin n'a pas bien
mûri; mais en ce cas, il en faut mettre davantage que lorſqu'on veut ſeulement lui
donner de la force, & en mettre d'autant
plus que le raiſin eſt moins mûr. (4)

(4) Voyez les raiſons de cette pratique, dans une
Conſultation qui a été imprimée dans la vingt-huitieme
Feuille des *Annonces & Affiches du Pays Chartrain,* 1786,
& que l'on a cru devoir remettre à la fin de ce
Mémoire pour ceux qui ne prennent pas ces Affiches.

Il y a plus de dix ans que je fais ainsi
mon Vin, au sucre près, que je n'ai commencé à employer que depuis six ou sept
ans. On a toujours trouvé mon Vin fort supérieur aux autres, sur-tout depuis que j'y mets
du sucre. Je puis assurer que je n'en ai jamais
eu de gâté, & que j'en ai envoyé à Paris
de trois ans, qui s'est très-bien maintenu,
quoiqu'il n'y eût pas de sucre. Il est vrai
que je l'ai toujours envoyé par un tems frais.

Je ne prétends pas que tout ce que j'ai
conseillé soit également essentiel. Le principal est de ne pas laisser monter l'aine de
maniere qu'elle puisse s'aigrir & se sécher;
mais, à choses égales, le Vin sera moins
bon à proportion de ce que l'on se dispensera
plus ou moins du reste.

Pour suivre exactement toutes mes pratiques, il faut des soins & de l'attention.
Mais il ne faut rien de plus, si ce n'est la
commodité d'un pressoir au moment où le
Vin a besoin d'être tiré; avantage précieux,
dont ne jouissent pas à beaucoup près tous
ceux qui ont des Vignes, sur-tout dans les
endroits où on est obligé d'aller à un pressoir
bannal. (5) A cet article près, tout est aussi
facile à exécuter qu'à comprendre. C'est à

_____

(5) Ne fût-ce que par cette raison, ce Droit Seigneurial a de grands inconvéniens, & il devroit être
supprimé comme celui de Servitude.

ceux qui manquent de cet avantage, à se précautionner le mieux qu'ils pourront. Mais il faut avoir pour regle de ne faire cesser les renfonçages qu'une heure avant de faire pressurer.

Ces pratiques occasionnent à la vérité de la dépense, sur-tout si l'on met du sucre; mais comme l'augmentation de la bonté du Vin surpasse de beaucoup celle de la dépense, celle-ci doit être compensée avec avantage par le plus haut prix du Vin.

Je ne doute point que ma méthode ne soit susceptible de perfection; mais j'ai dit franchement tout ce que je sais de mieux sur cet objet, désirant l'utilité des autres comme la mienne propre. Si j'ai différé jusqu'ici de publier ce que je savois, c'est que j'ai voulu que des expériences répétées m'assurassent de ses avantages.

Au reste je n'ai aucune prétention que celle d'être utile. Je ne suis point l'Inventeur de cette méthode, je la tiens de Gens beaucoup plus habiles que moi. Tout mon mérite, si c'en est un, c'est d'en avoir senti toute la bonté, en la comparant avec les principes de la saine Physique, & de l'avoir adopté sans hésiter, dès qu'elle m'a été connue. Il n'y a de moi dans cet Ecrit que les raisonnemens par lesquels j'ai tâché de montrer cette liaison. Je crois d'ailleurs avoir bien exposé ce que j'ai appris.

CONSULTATION

EN FORME DE LETTRE,

SUR les Vins de la Récolte de 1785, dans le Vignoble de Chartres & des environs; & en général sur le choix des Vins.

VOUS désirez, MONSIEUR, savoir de moi si les Vins de la récolte derniere, qui en général sont verds & plats, du moins dans notre Province, peuvent faire tort à votre santé.

Je n'hésite pas à vous répondre que oui. Sans être ce qu'on appelle malade, vous avez l'estomac foible, & la poitrine délicate. Or un Vin verd & plat, ne convient point aux estomacs foibles, & aux poitrines délicates.

Un Vin verd & destitué d'une certaine quantité de parties spiritueuses, est mal digéré par un estomac foible, & en s'aigrissant de plus en plus par le long séjour qu'il y fait, il doit altérer la digestion des alimens auxquels il se trouve mêlé : ce qui doit donner lieu à la formation d'un chyle mal conditionné, source commune de beaucoup de maladies. On peut en général établir pour regle, qu'autant un Vin moëlleux, & d'une chaleur modérée eft utile aux eftomacs foibles, autant un Vin verd & privé de chaleur, leur eft nuifible.

Ces Vins font bien plus redoutables encore, lorfqu'à un eftomac foible, on joint, comme vous, M. une poitrine délicate. Les perfonnes qui ont le malheur d'avoir la poitrine ainfi difpofée doivent entretenir, autant qu'elles peuvent, dans leur fang, & dans toutes les liqueurs qui en dérivent, une qualité douce & balfamique, & rien ne s'y oppofe plus qu'un mauvais chyle, fuite néceffaire des mauvaifes digeftions que produit l'ufage habituel d'un Vin verd & froid. Quelqu'attention qu'on ait à ne fe permettre que des alimens doux, ils perdent cette qualité, en fe digérant mal. Aucune précaution fur le choix des alimens n'exempte donc les perfonnes d'une poitrine délicate, d'éviter l'ufage ordinaire des Vins de cette nature.

Je ne puis donc, M. me difpenfer de vous interdire l'ufage des Vins fur lefquels vous me demandez mon avis. Je parle au refte de la plus grande quantité, car il peut y avoir quelqu'exception.

Lors même que l'on n'éprouve aucune indif-pofition, tous ceux qui ont foin de leur fanté doivent s'interdire les Vins verds. Ils fuffi-

fait pour déranger les meilleurs estomacs.
C'est aux Vins verds du Poitou qu'on a toûjours
attribué ces terribles coliques, qu'on appelle
coliques du Poitou, &. la même chose peut
produire par tout les mêmes effets, mais
à des degrés différens, à proportion de son
degré de force.

Le Vin pris d'une manière modérée, &
c'est toûjours ainsi qu'il en faut faire usage,
est un excellent cordial. Il fortifie tout le
corps, & specialement l'estomac, & on peut
dire de luy, à juste titre, comme il peut
preserver de bien des maladies, sur tout
des maladies putrides. Mais il ne les pre-
serve qu'autant qu'il est de bonne qualité.

Mais en demandant qu'un Vin soit pourvû
d'une certaine quantité de parties spiritueules,
je suis bien éloigné d'être partisan de ceux
qui en ont trop, comme sont ceux de cer-
tains pays chauds où......... Ces
Vins ne peuvent être employez pour l'usage
ordinaire, qu'en les temperant par une
grande quantité d'eau, & malgré ce cor-
rectif, ils ne sont point aussi sains que les
Vins naturellement legers & coulans, tels
que ceux de Bourgogne & les nôtres,
qu'ils soient bien faits & choisis dans les bons
Cantons, & dans les bonnes années.

Je suis encore moins Ami de ceux aus-
quels on donne de la chaleur, en y mêlant

de l'eau-de-vie, comme cela se pratique dans
bien des Provinces. Le mélange ne se fait
point d'une manière assez intime, d'où il
arrive que la chaleur que le Vin acquiert par
ce moyen est une chaleur âcre & qui altere.

La méthode d'ajouter aux Vins froids une
certaine portion de Vin très-chaud, comme
de Vin de Languedoc, vaut bien mieux.
C'est le secret des Marchands de Vin de Paris
qui sont honnêtes, & on sait fort bien l'employer même en Bourgogne & en Champagne, où il y a bien des Vins qui n'ont
pas plus de feu que les nôtres. Par cette
méthode, d'un Vin de dix écus, on en fait
un de cent francs & plus. Mais ce moyen a
encore ses inconvéniens. Comme ce mélange
de Vins de qualités si différentes n'est jamais
fort intime, les Vins ainsi mélangés mon-
trent à la vérité du corps & de la chaleur,
à proportion de ce que l'on a joint une plus
grande quantité de Vin chaud au Vin froid,
mais ils ne sont jamais ni délicats, ni moëlleux, ni veloutés, ni fins. Ils ne peuvent contenter que les gens qui ne savent ni goûter,
ni apprécier le Vin.

Je pense que la meilleure manière de donner du feu à un Vin naturellement froid, c'est
de mettre une certaine quantité de sucre, ou
de cassonade dans la cuve, aussitôt que le raisin a été foulé. Il est certain en général que

le fucre eft la bafe de toute liqueur fpiritueu-
fe, du Vin, de la biere, du cidre. On peut
faire des liqueurs fpiritueufes avec tout ce
qui en contient, & on n'en peut faire qu'avec
ce qui en contient. Aucun Chymifte aujour-
d'hui ne révoque en doute ce principe. Les
raifins qui en ont beaucoup, comme ceux des
Pays chauds, produifent des Vins très-chauds.
Ceux qui en ont peu, produifent des Vins
froids. Le moyen le plus fimple, & le plus
naturel de donner à ceux-ci la chaleur, qu'ils
n'ont qu'à un trop foible degré, eft donc d'a-
jouter aux raifins dont on les fait, la quantité
de fucre qui leur manque. Mais remarquez bien
que c'eft aux raifins qu'il faut ajouter le fucre,
& non pas au Vin, parce que c'eft avec le
fucre joint au raifin qu'on doit faire le Vin. Du
fucre joint au Vin ne produiroit pas le même
effet, parce qu'il ne fubiroit pas la même fermentation, qui eft le grand inftrument de la
Nature pour tirer du fucre les liqueurs fpiritueufes. Le fucre joint au raifin, étant pré-
cifément de même nature que celui du raifin,
on fent que cette addition ne peut préjudicier
en aucune maniere à la délicateffe des fucs
que fournit le raifin, & que, du moins fi l'on
n'en ajoute que la quantité convenable, le
Vin qui en réfultera, acquerrera de la force,
fans rien perdre de fa délicateffe & de fa fineffe, s'il en a par lui-même. Il y a plufieurs

année

années que j'employe cette méthode pour le peu de Vin que je recueille, sans négliger les autres moyens, comme principalement le choix du raisin. Je puis vous assurer que je m'en trouve parfaitement bien, & que le Vin même de la derniere récolte n'a aucun des défauts des autres Vins de la même année. Je ne crains pas même de dire qu'il est supérieur à la plupart des Vins des années précédentes, faits selon la méthode ordinaire, & qu'il se gardera dans sa bonté pendant plusieurs années.

Il ne suffit pas qu'un Vin soit bon par lui-même, pour en tirer tout l'avantage qu'on peut en espérer pour sa santé, il faut encore attendre pour le boire qu'il ait acquis, en vieillissant, toute sa maturité. Les Vins nouveaux ont toujours quelques degrés d'acidité. C'est en vieillissant qu'ils la perdent par l'effet de la fermentation insensible qui s'opere d'une maniere continue dans le Vin, lorsque la fermentation sensible est cessée. Ses parties acides sont émoussées par ses parties huileuses, & pourvu qu'elle dure un tems convenable, plus ou moins, quelquefois plusieurs années, suivant la qualité des Vins, ils acquierent par ce moyen toute la perfection dont ils sont capables, soit pour le goût, soit pour la santé. Les gens qui ont soin de leur santé, sur-tout s'ils ont l'estomac foible, & la poi-

tine délicate, doivent donc toujours boire
du Vin vieux.

Je fais qu'il y a des tems comme cette
année, où le bon Vin vieux est fort rare,
& fort cher, quoique le nouveau soit à très-
bon marché ; mais cette raison ne doit pas
arrêter un homme à qui sa santé est précieuse.
Lorsqu'on en boit modérément, ce n'est pas
un surcroît de dépense qui mérite beaucoup
de considération. Combien n'en fait-on pas
de faste, de plaisir qui sont bien plus considérables, & qui le plus souvent sont plutôt
nuisibles qu'utiles! On épargnera quatre ou
cinq louis par an sur le Vin que l'on boit tous
les jours, quoique ce soit celui qui intéresse le
plus la santé, & on dépensera le double en
Vins étrangers, en Vins de liqueur, en repas
de cérémonie, qui flattent encore plus la
vanité que le goût, & qui nuisent presque
toujours. Je ne puis comprendre l'économie
de certaines personnes opulentes qui donnent
souvent des repas, où rien n'est épargné du
côté de la multiplicité, & de la finesse des
mets, & qui sur la fin font servir des Vins
étrangers de plusieurs especes, très-chers,
après n'avoir présenté pendant les deux premiers services que du Vin le plus commun,
& souvent même assez désagréable. Qu'on
calcule à quoi va cette épargne.

Rien de plus facile d'ailleurs que d'avoir

toujours de bon Vin vieux qui ne soit pas fort cher. Il ne s'agit pour cela que de se pourvoir d'une certaine quantité de Vin des meilleurs crûs & des mieux faits, dans les années où le Vin est abondant & de bonne qualité ; de le faire bien soutirer avant de l'enlever, & toutes les fois qu'on le remue, soit pour le transporter d'un endroit dans un autre, soit pour relier les futailles ; de les tenir toujours bien pleines, de le garder dans une bonne cave ; & de le mettre en bouteilles quand il est voisin de son point de maturité. Avec ces mesures on aura toujours de bon Vin vieux qui ne sera point trop cher.

Il faut pourtant être assez équitable pour ne vouloir pas avoir les meilleurs Vins d'un Pays ; les Vins qui viennent dans les meilleurs cantons, toujours bien moins féconds que les autres ; les Vins faits avec des raisins choisis, quoique cueillis dans les bons cantons ; les Vins pour la façon desquels on n'a rien épargné, ce qui peut entraîner des frais considérables ; il faut, dis-je, être assez équitable pour ne vouloir pas avoir ces Vins au même prix, ou peu s'en faut, que les Vins des cantons les plus communs & faits en quelque sorte au hasard. Il faut qu'en tout Pays le prix des Vins soit proportionné, non-seulement à la quantité de la récolte, mais encore à sa bonté. Tout le monde sait combien il y a de différence dans le prix des Vins en Bourgogne & en Champagne, quoique provenant souvent du même crû. C'est le choix du raisin, & la maniere dont le Vin est fait, qui font la principale cause de cette différence, parce qu'ils en font une grande dans la bonté du Vin.

En voilà certainement, M. plus que vous ne m'en demandiez, & plus que je ne comptois vous en dire en commençant cette Lettre. Mais j'ai cru devoir appuyer le conseil que je vous donne, & en généralisant un peu les principes, vous mettre en état de vous conduire vous-même dorénavant d'une maniere sage sur un article aussi intéressant pour la santé, que celui qui est l'objet de cette Lettre.

Je suis, &c.

Chartres, ce 6 Juillet 1786.

www.ingramcontent.com/pod-product-compliance
Lightning Source LLC
Chambersburg PA
CBHW060508210326
41520CB00015B/4148